走进奇妙的大自然

有特异功能的植物

[法]里昂奈尔·伊纳尔 　[法]吉列梅特·雷斯普兰迪-泰 　著

[法]尼可 　[法]马修·罗特洛尔 　绘

徐景先 　孙建生 　译

GUANGXI NORMAL UNIVERSITY PRESS

广西师范大学出版社

·桂林·

YOU TEYI GONGNENG DE ZHIWU

出版统筹：汤文辉　　　　　　　责任编辑：戚　浩
品牌总监：李茂军　　　　　　　助理编辑：纪平平
选题策划：李茂军 戚　浩　　　　美术编辑：刘冬敏
版权联络：郭晓晨 张立飞　　　　营销编辑：宋婷婷 李倩雯
责任技编：郭　鹏　　　　　　　　　　　　赵　迪

著作权合同登记号桂图登字：20-2021-216 号

图书在版编目（CIP）数据

有特异功能的植物 /（法）里昂奈尔·伊纳尔，（法）吉列梅特·雷斯普兰迪-泰著；
（法）尼可，（法）马修·罗特洛尔绘；徐景先，孙建生译. --桂林：广西师范大学出版社，
2022.9
　（走进奇妙的大自然）
　ISBN 978-7-5598-5186-4

　Ⅰ．①有… Ⅱ．①里… ②吉… ③尼… ④马… ⑤徐… ⑥孙… Ⅲ．①植物—青少年
读物 Ⅳ．①Q94-49

　中国版本图书馆 CIP 数据核字（2022）第 125838 号

广西师范大学出版社出版发行

（ 广西桂林市五里店路 9 号　邮政编码：541004 ）
　网址：http://www.bbtpress.com

出版人：黄轩庄
全国新华书店经销
北京尚唐印刷包装有限公司印刷
（北京市顺义区马坡镇聚源中路 10 号院 1 号楼 1 层　邮政编码：101399）
开本：889 mm × 1 194 mm　1/16
印张：4.5　　　字数：80 千字
2022 年 9 月第 1 版　　2022 年 9 月第 1 次印刷
定价：49.00 元

如发现印装质量问题，影响阅读，请与出版社发行部门联系调换。

前　言

　　我们曾出版过一本书，里面介绍了一些"行为怪异"的植物：能"爆炸"的，比如能喷出种子的奇特的喷瓜；有臭味的，比如根状茎散发出恶臭味的缬草；有刺能扎人的；等等。听起来这些植物都身怀绝技，自带"暗器"，似乎对人类不够友好。在这本新书中，我们将分享一些功能各异的植物，它们与人类关系密切，非常友好。

　　不论是薄荷、香蜂花，还是香堇菜，古时候一律被人们严肃认真地称为药用植物。在当时的王宫或修道院里，它们总是人们津津乐道的对象。有些人成了这些植物的追随者，狂热地相信它们具有某些神奇的功效，有时这种狂热甚至会到迷信的程度，不过现在的人们却往往忽略了它们的存在。

　　自古以来，蔷薇、茉莉花和薰衣草就与人类保持着非常亲密的关系。人类似乎别无选择，只能任凭自己被它们吸引，心甘情愿采集成千上万朵这样的花，只为了享受嗅到它们散发香气的美妙瞬间。当然，人们还会赋予很多植物特殊的寓意，比如鸢尾、郁金香和虞美人。

　　地球上的植物资源非常丰富，它们的功能也非常强大，几乎可以应用到人类社会的方方面面、各行各业，比如制作糖果、糖浆、绳索、香料、布料、乐器，提取染料，合成药剂，等等。对了，还可以制作玩具吹管。

　　植物与人类保持这种和谐相处、亲密无间的关系由来已久，持续至今，延续不断。

目 录

蜜源植物 /1

饮料植物与糖果植物 /11

芳香植物 /21

染料植物 /31

纤维植物 /43

有特殊寓意的植物 /51

蜜源植物

　　蜜源植物凭借色彩斑斓的花朵、散发出的浓郁香气，原地不动便可吸引诸多来访者。蜜蜂会成群结队蜂拥而至，将选中的蜜源植物团团包围，采集花蜜。等它们采够花蜜飞走之后，偶然路过的其他采蜜者仍然会有所收获，因为蜜源植物在花期会源源不断地产生花蜜。蜜源植物会馈赠给人类很多神奇的东西，比如营养丰富的花蜜。

香蜂花

香蜂花是一种多年生草本植物。茎直立或近直立，多分枝；分枝大多数在茎中部或中部以下呈塔形伸展，丛丛簇簇，呈嫩绿色。它们的叶看上去有点像荨麻叶，但不像荨麻叶那样有刺毛而具有"攻击性"。双手揉搓它们的茎和叶，茎和叶会散发出柠檬味的香气。花是乳白色的，长在叶腋处，与对生的叶片一起环绕生长在四棱形的茎上，一层一层向上生长。香蜂花的茎较细，容易匍匐生长，有的长度能超过一米。这种植物喜欢生长在住宅附近，特别是在房屋背阴的一面，它们会长得更为茂盛。

植物档案

　　在植物家族里，香蜂花属于被子植物唇形科香蜂花属。在法国，它们还被称为小巷里的辣椒、大天使、润心草。在中国，它们还被称为香蜂草、柠檬薄荷、蜂香脂。

◀ 加尔慕罗香蜂花水

这种药水的出现要归功于"赤足加尔慕罗修会"的修道士们，这些教会成员通常赤脚生活。据说这些当时在草药界享有很高声誉的修道士们，是在修道院的药房里研制出了这种著名的香蜂花水。在被称为香蜂花水之前，它还享有威尼斯贵妇水的美称，甚至像在《一千零一夜》的故事中那样被称为宫廷贵露。

啊哈，尼农水真棒！ ▶

法兰西第一帝国时期，社会上非常流行使用尼农水清洗皮肤和头发，所有人都相信这种洗液像大家说的那样具有神奇的功效。有一天，一位叫罗克斯的医生分析了这种奇妙洗液的成分，揭穿了这场骗局。他向约瑟芬皇后汇报说，这种被人吹嘘功效神奇的神秘混合液体，只不过是用塞纳河河水和一些浸泡过香蜂花的酒精混合而成的。推销这种骗人产品的药师的下场就不用多说了吧。

你知道吗？

古罗马著名诗人维吉尔建议养蜂人用大量新鲜的香蜂花擦拭新蜂箱的里面，以吸引从旧蜂箱中分出的蜜蜂，从而让它们逐渐适应自己的新居所。香蜂花的古希腊语名字是meliphullon，意思是"蜂蜜叶"或"蜂蜜草"。

迷迭香

迷迭香是一种常绿小灌木，喜欢生长在干旱的地方，或者阳光充足、多砂石的土地上。它们的茎坚硬且木质化。叶片呈线形，有香味，稍向背面弯曲，正面绿色，稍具光泽，背面长满白色的绒毛，呈浅绿色。迷迭香会开出紫蓝色的小花，香气十足，花期有半年之久。如果冬季气候温和，花期有时还会更长些，这对于蜜蜂来说可是一个好消息。在自然界，植物之间在生存环境方面存在着相互竞争的关系。迷迭香利用其根部散发出有毒的生物化学物质，驱除那些抢占它们生存领地的植物。

植物档案

在植物家族里，迷迭香属于被子植物唇形科迷迭香属。在法国，它们还被叫作海露香草、熏香草、花环草。在中国，它们还被称为艾菊。

◄ 古代的迷迭香

迷迭香是一种具有香脂气味的植物，象征着爱情、婚姻和死亡，希腊人称它们为libanotis。在古代，人们用它们来编织花环，并把花环放在逝去之人的坟墓上焚烧，据说散发出的清香烟气可以帮助逝去之人的灵魂踏上去往另一个世界的路。

从天而降的秘方！ ►

据说，匈牙利皇后伊莎贝拉声称自己通过一种意想不到的神奇方式，获得了一种万应灵药的配方。她说用了这种灵药，自己简直是从70岁恢复至青春年少。于是这种万应灵药便流行起来，一直到18世纪末，世界各地的女士都在大量地使用这种药剂。再后来，化学分析实验揭开了这种药剂的真实面目，它其实是浸泡过迷迭香花的酒精蒸馏后获得的产物。

你知道吗？

人们在某些古代著作中提到的"纳博讷蜂蜜"其实是一种迷迭香花蜂蜜，传说它具有无与伦比的功效，被罗马人视为世界上最好的蜂蜜。它也是18世纪欧洲水手常吃的药剂的成分之一。这种药剂含有50多种成分，据说对身体的各方面都有好处。水手经过漫长的航海旅程后，过度劳累，体力透支，可以服用这种药剂来恢复体力。

椴树

椴树是一种高大乔木，树皮呈灰色，树冠通常呈圆形，叶片呈卵圆形，前端短尖或渐尖。椴树的花由多朵小花聚集成束，形成聚伞花序，花序柄与半透明的舌状苞片合生；花呈黄色，极香，富含花蜜。花授粉后脱落，长出浅褐色的小圆球状果实，果实上有随风轻轻摆动的绒毛，果实内有种子。椴树科有好多种，有一些种依然呈野生状态分布在森林中。在生长环境好的情况下，椴树可以存活很多年，有些椴树的树龄已经超过了500年，还有一些甚至超过了1000年。作为一种绿化乔木树种，椴树也被种植在公园中，或成排成行地种植在街道的两边。

植物档案

在植物家族里，椴树属于被子植物椴树科。椴树的法语名字是tilleul。在法语中，很多词语都来源于tilleul，比如法国巴黎郊区的尚蒂伊（Chantilly），因其壮丽的城堡而闻名于世，Chantilly在古法语中是"椴树林地"之意。

◀ "椴树"先生

瑞典伟大的植物学家林奈给许多植物取了名字。当需要给自己取一个姓的时候（当时很多瑞典人都没有姓），他参考了很多姓氏，最终创造出了一个与椴树有关的拉丁语姓linneus（Linné是其简写形式），linn在古瑞典语中是"椴树"的意思。事实上，在他们家族的土地上，曾长有一棵非常古老的椴树，整个家族的人都认为是这棵椴树保护了他们的土地。他的祖母为了纪念这棵椴树，就曾经以Tiliander为姓。

蜜蜂不喜欢老椴树吗？ ▶

英国的科学家发现，树龄40年或者50年的椴树比树龄80年以上的椴树能吸引更多的蜜蜂前来采蜜，百年树龄的老椴树则直接被蜜蜂放弃了。作家科莱特曾经说过，当椴树变成"蜜蜂的火山"时，去闻椴树花的香气正当时。椴树的花在夜幕降临之后开始大量分泌花蜜。如果你在蜜蜂正忙于采集椴树花蜜的时候去观察椴树，你可能会打扰到蜜蜂，从而给自己造成麻烦。但是如果你仅仅是在观看这个让人眼花缭乱的忙碌场景，就不会有什么危险了。

你知道吗？

人们经常会在椴树下发现死去的蜜蜂。椴树是不是被喷洒农药了？不是！科学家研究发现，在干旱的时候，出于自我生存防卫的目的，椴树的花会产生一种有毒物质，能让前来采蜜的蜜蜂中毒死亡。

刺槐

刺槐原产于美国东部。主干树皮呈灰褐色，侧枝不规则地长在主干上，侧枝上面长有很多托叶刺。叶片是由很多小叶组成的羽状复叶，小叶呈卵形或椭圆形。人们将刺槐的叶片拿在手中，放在嘴边可以轻松吹出哨音。刺槐有长长的总状花序，每年从5月底开始，花序上的花便开始盛开，于是城市和乡村都会沉浸在它散发出的香气之中。几个月之后，花授粉脱落长出果实。果实是荚果，成熟之后荚果裂开，里面的种子便可散播出去。

一定要注意，不要攀爬刺槐，从树枝上长出的刺是很危险的，而且这些刺并不总是一目了然。刺槐也是人们所说的先锋树种之一，土地一旦裸露，刺槐便会首先侵入，这样做是为了获得更大的生存领地。虽然在法国，刺槐属于外来植物，但它们在当地已经随处可见。

植物档案

在植物家族里，刺槐属于被子植物豆科刺槐属。在法国，它们有时还被叫作槐花树、豌豆树。在中国，它们还被叫作洋槐。

8

为古老的刺槐树安放"拐杖"！

1601年，法国植物学家让·罗宾在巴黎医学院的花园里播种了一些采自美洲的树种。种子发芽，生长，逐渐长成了大树。35年后，他的儿子维斯帕森·罗宾决定将其中一棵移植到巴黎皇家植物园里。尽管是在树龄很大时经历了移植，但这棵树一直生机勃勃，枝繁叶茂。当然，古老的树和上了年纪的老人一样，容易"站立不稳"，因此人们对这棵大树爱护有加，对树体进行了维护——安放了许多"拐杖"支撑树体。现在尽管这棵树的树龄已经超过了400岁，但它每年都繁花满树。

假的金合欢，可是真有刺 ▶

一开始，植物学家将刺槐划归到含羞草属或金合欢属。但是不久之后，植物学家林奈更正了刺槐的分类，把它们从上述两个属中分了出来，并为它们建立了一个新属：刺槐属，拉丁学名是 *Robinia*。这个属名是为了纪念植物学家罗宾而定的。关于名字的事情至今仍困扰着刺槐，因为现在人们有时叫它们金合欢，有时又叫它们假金合欢。金合欢树是有刺的，如果仅仅是从有刺这个角度来讲，刺槐本身没有弄虚作假，它们确实长有刺……

你知道吗？

从未品尝过刺槐花馅甜甜圈的人不算吃过世界上美味的甜食。当你准备制作刺槐花蜜浆的时候，那感觉就像蜜蜂采集花蜜一样，那一刻，你也许能体会到蜜蜂采蜜时的辛苦。做甜甜圈的面团准备好后，将蘸满蜜浆的刺槐花包入面团中，开始煎炸，熟透之后取出甜甜圈，再蘸上刺槐蜂蜜，开始品尝吧！味道真是太好了！吃的时候刺槐蜂蜜流到手指上，那真是一种美妙愉悦的感受……

饮料植物与糖果植物

　　人类有时用植物的叶片，有时用果实，有时用种子，甚至用植物的地下茎制作饮料和糖果。自古以来，饮料植物和糖果植物就为人类所熟知。从甜果汁到开胃酒，从方糖到麦芽糖，饮料植物和糖果植物得到了地球上所有美食爱好者的青睐，当然还有那些饮料和糖果制造商。

香柠檬

香柠檬是一种小灌木，与柚子、柠檬和柑橘同属于芸香科。它们的果实看起来像一个大柑橘，果肉味道很奇怪，有酸味，也有苦味，说实话，口感并不怎么好。有些历史学家认为香柠檬是从东方传到法国的，另外一些历史学家不赞同这种看法，认为香柠檬是克里斯托弗·哥伦布在加那利群岛发现的。现在我们很难说出它的真正来源。不管怎样，香柠檬已经在意大利的卡拉布里亚和西西里岛种植了几百年。

植物档案

　　在植物家族里，香柠檬属于被子植物芸香科柑橘属。人们培育出很多香柠檬新品种，起的名字都非常好听，比如梵塔斯蒂克、费米耐罗。

◀ 法国南锡香柠檬糖

据说洛林公爵（也称勒内·德·安茹）是在贝加莫附近的修道院居住期间发现了香柠檬，那儿的修道士们还将来自卡拉布里亚的水果蒸馏，从而获得香精。《法国的焦糖》这本非常古老的著作描述了一种糖的制作过程，这种糖在添加香柠檬香精之后味道变得更香美了。书中还记载，人们先将糖果从块状变成大麦糖那样的长条状，再将其切成小块出售，南锡香柠檬糖就这样诞生了。现在它已成为当地特产，也是具有"法国原产地保护标志"的产品。

香柠檬果皮盒 ▶

在南欧，尤其是在法国的格拉斯，直到18世纪，香柠檬果皮盒一直都非常流行。香柠檬果皮盒是用香柠檬果皮制作而成的。我们在家里就可以制作这样的盒子，方法很简单，先将香柠檬果切成两半，清空果肉，注意清空果肉时不要把果皮弄破。然后将果皮放在模具上，使其干燥。干燥后在每个半圆形的果皮上画上装饰图，再给两个半圆形果皮加上一个搭扣，一个香柠檬果皮盒就制成了。

你知道吗？

著名的格雷伯爵茶（也叫伯爵茶）因为添加了香柠檬油而香气四溢。据说有人将一些香柠檬作为礼物送给了查尔斯·格雷伯爵，而他却不知道怎么吃这种果子，于是将其切成片放在了茶水里。他发现这个新创意非常符合他的口味，便将这个珍贵的新发现告诉了一家非常有名的茶行，于是便有了格雷伯爵茶，但这仅仅是个传说。

薄荷

薄荷是一种枝叶茂密的芳香植物。不同种类的薄荷，叶片的颜色也不同，从深绿色到浅绿色都有；叶片一般呈椭圆形，边缘有锯齿，环绕着长长的茎交互对生。植物体下部是数节具有纤细须根、水平匍匐的根状茎，节上可以长出嫩芽。薄荷开出的淡紫色小花特别不起眼，呈轮伞花序着生在叶腋处。不同种类的薄荷具有的香味也大不相同。它们在地球上分布很广，既分布在英国、西班牙和中国，也分布在美国。

植物档案

在植物家族里，薄荷属于被子植物唇形科，属内种类很多。在法国，人们还叫它们润心草、闻香草、法国香草。在中国，薄荷的俗名也有很多：鱼香草、土薄荷、水薄荷、接骨草、水益母、野仁丹草、夜息香、南薄荷、野薄荷。

◀ 口感凉爽的薄荷糖

薄荷糖吃起来让人有一种清新凉爽的感觉，这是因为人们在糖里面添加了薄荷脑。薄荷脑是一种芳香清凉剂，薄荷中富含这种物质。薄荷脑为结晶体，受热后会融化，涂抹在皮肤会让人产生清凉的感觉。薄荷脑还会被添加在牙膏、洗发液以及清凉油中。请注意，薄荷脑对婴儿是危险的。

法国康布雷产的"蠢事糖" ▶

19世纪，在法国康布雷有一个有名的集市，那里会售卖各种盒装的糖果。一位糖果店师傅艾米尔·阿富山想了一个主意，他先在糖果中加入薄荷来改良口味，然后想办法改良糖果的外观。他在糖浆还热的时候不停搅拌，最后形成焦糖色的条纹，康布雷"蠢事糖"就这样诞生了。来到这里的人们总会买上一些糖果，表示自己干过"蠢事"，当地的糖果业因此取得巨大的成功。

你知道吗？

据说在古希腊，薄荷被认为具有吸引异性的功效。那时，希腊士兵被禁止食用薄荷，以便他们可以全身心地投入战争。

洋甘草

洋甘草是一种长势繁茂的植物，比较适应地中海气候环境，喜欢生长在干旱的坡地上。它们依靠长长的地下茎水平铺开生长，扩张领地。它们的地下茎是浅棕色的，特别好识别，被称为甘草棒，具有药用价值。洋甘草的叶和刺槐的叶相似，都是由很多小叶组成的羽状复叶，小叶呈卵状长圆形、长圆状披针形或椭圆形。从地下茎的节处长出的地上茎直立生长。密生的深紫色或淡紫色小花组成了穗状花序，这些小花授粉脱落长出荚果。洋甘草与豌豆和染料木同属于豆科的蝶形花亚科。

植物档案

　　在植物家族里，洋甘草属于被子植物豆科甘草属。在法国，人们还称洋甘草为甜木、甘草。在中国，洋甘草还被称为光果甘草、欧甘草。

▶ 甘草柠檬露的故事

18世纪末，在法国巴黎街头出现了一种很流行的饮料，叫作甘草柠檬露。流动商贩在城市街头等公共场所按杯出售这种便宜的饮料，这种饮料其实就是用柠檬水浸泡洋甘草的根茎制成的。人们把洋甘草的根茎切成片，放在切开的黑色椰子壳内，所以这种饮料的法语名字就采用了coco（椰子）一词。后来人们在此基础上制作出一种粉剂，也以coco来命名，这种粉剂通常由洋甘草、柠檬、芫荽和茴香组成，只需把它溶解在水中即可获得香气四溢的饮料。

药剂师拉琼尼的甘草糖片 ▶

1880年，法国图卢兹的一位叫拉琼尼的药剂师改进了一种糖果配方，发明出以洋甘草为主要原料的甘草糖片。他保留了配方中原有的一些成分，添加了杨木的碳粉，获得了超级黑亮的颜色，还添加了薄荷提升口感。19世纪，这种甘草糖片被包装在圆形黄色小盒子中出售。这种包装形式非常重要，人们将小盒子放在口袋中，携带非常方便。现在拉琼尼的甘草糖片在法国依然畅销，采用圆形黄色小盒子包装的方式也延续至今。

德国班贝格园林行业职业技能考核（有点像学校里的期末考试）的一个重要要求就是，参加考核的每个人挖出一条完整的洋甘草根茎，既不能弄断它，也不能破坏其上面的嫩茎。

茴芹

茴芹原产于地中海东部、西亚和北非，一年生草本植物，通常高20～50厘米。直立的茎呈圆柱形，茎上有细条纹，基生叶有柄，叶片可分为单叶不分裂或3裂、茎生叶片羽状分裂或3裂。复伞形花序顶生或腋生，花白色，授粉脱落后结出果实。果实中富含芳香物质——植物香精油。茴芹的香味与孜然芹或欧芹的类似，但又与它们有少许区别。请注意，一些有毒的植物看起来特别像茴芹。茴芹在古时候就广为人知，不断被应用在医药和烹饪中，中世纪的魔法书中也提到过茴芹。

植物档案

在植物家族里，茴芹属于被子植物伞形科茴芹属。在法国，人们还称其为地榆、山羊脚茴芹、山羊胡子香芹。

茴芹香精中含有一种特殊的生物化学物质：茴香脑，它的甜度是蔗糖的13倍。将它与酒混合，可以调配出很多餐前开胃的酒品。最初人们饮用这种酒只是为了增进食欲，法国人称之为茴芹酒（pastis）。现在这种酒已经成了众多餐前开胃酒的一种。人们喜爱这种酒，但每个人的口味不同，在这种情况下，调酒师又发明了名字为"番茄（tomate）""燃油（mazout）""鹈鹕（pélican）"和"链锯（tronçonneuse）"等的茴芹开胃酒，它们分别是在茴芹酒中加入石榴汁、棕色汽水、桃汁和啤酒后调配而成的。当然，所有这些餐前开胃酒都是禁止未成年人饮用的。

让人获益的茴芹籽 ▶

据说，为了鼓励人们开发利用茴芹籽的药用价值，法国国王查理曼大帝下令在全国所有花园中种植茴芹。人们认为茴芹籽可以医治婴儿腹泻，所以当时鼓励哺乳的妈妈食用它。药剂师还发明了一种以茴芹籽为原料的药剂——肠乐粉，用来治疗消化不良引起的疾病。茴芹籽甚至还被放在孩子们的枕头下，以防止他们睡觉时做噩梦。这些都表明当时人们对茴芹籽的药用价值给予了充分的开发利用。

你知道吗？

从前，茴芹籽被归为香料，买卖时要加税，因此价格相当高。为了保证买到的茴芹籽都是好的，聪明的买家发明了一种巧妙的检查方法：取一小撮茴芹籽放在纸上，然后用嘴轻轻吹这些茴芹籽。那些被昆虫吃得只剩下空壳的茴芹籽，因为质量轻，便会从其他饱满的茴芹籽旁飞出去。

芳香植物

芳香植物是具有香气、可供提取芳香油的栽培植物和野生植物的总称。这些植物让城市花园和荒野、草地散发出香气。专业人士在实验室里以一些芳香植物为原料，经过一系列程序（萃取、蒸馏等）制作出各种香味的香水。你只有耐心细致地闻每一款香水，才能感受到其前调的淡雅清新，中调的持久绵长和后调的余香环绕。

芳香植物

蔷薇

蔷薇是一种带刺的灌木。茎结实，直立，有时呈攀缘状。花单生或呈花序，一般较大，有些种类的蔷薇花具有浓浓的香味。园艺师们成功地培育出了很多蔷薇品种，它们的颜色多种多样，即使是单一颜色的花，它所呈现的深浅色调也是千变万化的。蔷薇在晚春开花，一直会持续到秋天，如果冬季不太寒冷，甚至在冬天也能开花。白雪覆盖着盛开的蔷薇，那美丽的景象会让人联想起童话故事里的风景。蔷薇结出的果实看起来像小小的红苹果，表面具有光泽，但不能食用，而蔷薇的"祖先"——野蔷薇，它的果实则是可以食用的。蔷薇不喜欢生长在特别阴凉的地方，但是也不喜欢阳光充足的地方。

植物档案

在植物家族里，蔷薇属于被子植物蔷薇科蔷薇属。园艺师们经常给自己培育的蔷薇新品种取独具特色的名字，这种做法一直持续到现在，比如米歇尔·富加因、埃迪·米切尔、阿兰·苏雄、亨利·萨尔瓦多、保罗·麦卡特尼、尼古拉斯·休洛特，还有东方快车和八强，等等。

◀ 蔷薇香水

罗马人喜欢将蔷薇香精油倒入浴池中，进行蔷薇香浴。随着蒸馏方法的问世，由此制成的蔷薇香水开始经历真正的飞速发展。从9世纪开始，阿拉伯人大规模生产蔷薇香水，并进行售卖。在17世纪，以香水闻名的法国格拉斯小城将其生产的蔷薇香精油出口到整个欧洲。

"蔷薇"之战 ▶

在15世纪的英格兰，有两个家族为了争夺英格兰皇权而发生了一场持续30年的战争。战争的一方是兰开斯特家族，他们以红蔷薇作为族徽；另一方是约克家族，则选择以白蔷薇作为族徽。战争几经周折，最终以兰开斯特家族的亨利七世与约克家族的伊丽莎白联姻而结束，双方实现了和解，建立了都铎王朝。

你知道吗？

1998年，一朵名为"一夜成名（Overnight Sensation）"的微型蔷薇乘坐美国"发现号"航天飞机进入太空。9天后，它返回了地球。一家日本化妆品制造商的化学分析师们分析了这朵蔷薇花所含的芳香成分，他们发现这朵去过太空的花所含有的芳香成分和它进入太空之前有了很大的不同。于是他们从中得到启发，准备开发一个新系列的香水，据说这种香水可以促使人们进行冥想。但这事尚需要进一步跟踪验证。

芳香植物

茉莉花

茉莉花是木樨科植物，因其花朵极芳香而闻名天下。它们中的有些品种属于攀缘类小灌木，那些长而易弯曲的茎需依靠支撑物生长，因此常被用来制作漂亮的植物藤架；叶片小，单叶，呈圆形、椭圆形、卵状椭圆形或倒卵形，有光泽，丛丛簇簇对生于茎上。茉莉花所属的素馨属是个大家族，包含200余种植物，分布于非洲、亚洲、澳大利亚以及太平洋南部诸岛屿。

植物档案

在植物家族里，茉莉花属于被子植物木樨科素馨属。jasmin（茉莉花）一词来自波斯语中的yasamin，yasamin最初来自阿拉伯的人名Yasmina、Yasmine或Yassmine。在中国，茉莉花一般指小花茉莉。

◀ 芳香的茉莉花

据说茉莉花原产于印度和中国，后传入欧洲南部。从法兰西亨利四世统治开始，人们一直在格拉斯小城的很多花园里种植茉莉花。但是，决定茉莉花的采集时间与加工方法的是当地制造香水手套的工匠们，他们还垄断了格拉斯的香水产业。19世纪，格拉斯地区的香水产业不断发展壮大，对茉莉花的需求也在不断增加。为了满足行业需求，当地的茉莉花种植业走向了现代化。

象征爱情的茉莉花 ▶

在古老的东方，茉莉花是女性美丽的象征。在印度神话中，爱欲之神伽摩能够射出带着茉莉花的爱情之箭，谁被他的爱情之箭射中，谁就会在心中燃起熊熊的爱情之火。古时候的作家曾经描写埃及艳后克娄巴特拉计划在船边与马克·安东尼相会，为了更好地吸引他，她用茉莉香精弄香了整个船帆。白色茉莉花是突尼斯的国花，是美好爱情的象征。在叙利亚，人们把茉莉花种植在自家房子的前面。

你知道吗？

据说，用700万朵茉莉花才能提炼出1升茉莉花精油。在夏天，茉莉花要在清晨一朵朵地采摘，然后在上午10~11点——天气干燥炎热的时段，人们又要赶快用这些茉莉花提炼精油。想象一下，700万朵花，那是多大一堆呀！再想想这么多花提炼出来的精油，仅仅1升，可真是太少了！

香堇菜

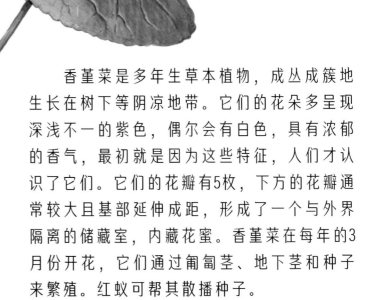

香堇菜是多年生草本植物，成丛成簇地生长在树下等阴凉地带。它们的花朵多呈现深浅不一的紫色，偶尔会有白色，具有浓郁的香气，最初就是因为这些特征，人们才认识了它们。它们的花瓣有5枚，下方的花瓣通常较大且基部延伸成距，形成了一个与外界隔离的储藏室，内藏花蜜。香堇菜在每年的3月份开花，它们通过匍匐茎、地下茎和种子来繁殖。红蚁可帮其散播种子。

植物档案

在植物家族里，香堇菜属于被子植物堇菜科堇菜属。在法国，人们还称其为紫罗兰、紫罗兰草花、弯脖子花。

26

◀ 预防偏头痛的香堇菜花环

香堇菜自古以来就广为人知。古罗马人将香堇菜的花放在葡萄酒中，使酒具有特殊的香味。古希腊时期，据说在雅典城内，卖香堇菜的商贩与现在卖花和卖蔬菜的商贩一样多。那个时候，女士们会将香堇菜编织成花环戴在头上来预防偏头痛。据说曾经有个国王还用香堇菜香精熏香，由于香味太过浓烈，有时甚至会达到让他周围人都感到身体极不舒适的程度。

香堇菜花香水 ▶

据说香堇菜是一位士兵从意大利带到法国的。来自意大利的紫色香堇菜花立刻把法国图卢兹的园艺师们迷住了，之后他们便开始在整个图卢兹种植这种植物。1900年，法国售出了近一百万束紫色的香堇菜花，这说明香堇菜花在当时是多么受人追捧和喜爱。人们用油脂萃取的方法（冷吸法）来提取香堇菜花香精，这种方法是将香堇菜的花朵铺在一层动物油脂上，油脂会吸收鲜花释放的气体芳香成分。现在，人们已经研发出了新的香堇菜花香精提取方法。尽管价格昂贵，但香堇菜花依然是几大化妆品香水制造商所钟情的对象。

你知道吗？

据说，古罗马修道士圣·瓦伦丁曾把长在他牢房前的香堇菜花捣碎，提取出紫色的汁液当作墨水，在香堇菜的叶片上给他的朋友们写信。

薰衣草

薰衣草是矮小灌木，呈丛状生长，细长的小叶簇生在枝条上。薰衣草喜欢生长在阳光充足、干旱的地区。法国东南部的普罗旺斯是薰衣草的故乡，那里到处都可以看到它们丛丛簇簇生长的身影。薰衣草的花着生在茎的顶端，形成几厘米长的穗状花序，好似棍状面包，散发着沁人心脾的香气。薰衣草有好几个种类，在普罗旺斯最常见的就是杂交薰衣草（lavandin），它是宽叶薰衣草和窄叶薰衣草杂交产生的品种，也是当地最有名气的一种。人们栽培种植各种薰衣草，是因为它们都有扑鼻的香气。薰衣草的花通常是紫色的，有时呈淡蓝色，偶尔也有白色的。园艺师们甚至还培育出了开粉红色花朵的薰衣草。

植物档案

在植物家族里，薰衣草属于被子植物唇形科薰衣草属。法国南部瓦尔省的一个小城勒拉旺杜的名字就是根据薰衣草的法语名字命名的。

◀ 以岛屿名命名的薰衣草

有一种薰衣草是以法国古时称为斯托查德斯群岛（Stoechades）的名字命名的。这种薰衣草原产于地中海盆地，被叫作西班牙薰衣草。它的拉丁学名是*Lavandula stoechas*，一看这名字，我们就会想到它取自斯托查德斯群岛。现在这个群岛被称为耶尔群岛（Hyères），它主要由三个岛屿组成，分别是波克罗勒岛、克罗斯港岛和黎凡特岛。Stoechades这个词来自希腊语，翻译过来是"对齐的，呈直线的"，组成斯托查德斯群岛的三个岛屿恰好在地理位置上排成了一条直线。

薰衣草香薰手套 ▶

如果你去了法国上普罗旺斯阿尔卑斯省，你会看到长长的、排列规则的蓝色"线条"遍布山丘，那便是薰衣草花田。现在我们从法国香水之都格拉斯说起，约在16世纪中期，那里的皮革商会把鞣化的皮革熏香，以掩盖其因为鞣化而散发出的刺鼻气味。由于制成的皮革手套和其他服装配饰都要用薰衣草香精来熏香，薰衣草便被大量种植。当地的调香师很快就致力于研究怎样获取大量的薰衣草香精，于是通过蒸馏法获取薰衣草香精的新产业就在当地诞生了。

你知道吗?

"lavande（薰衣草）"一词在中世纪时才开始出现。那些在洗衣场洗衣服的女人经常把薰衣草的花放在清洗衣物的水里。当时，人们认为一些难闻的气味是导致各种传染病的罪魁祸首，为了避免接触到这些气味，唯一的办法就是弄香自己的衣物。于是来自拉丁语lavare的lavande（薰衣草）这个词就出现了，"lavare"是清洗的意思。那时，薰衣草作为药用植物种植在修道院的花园中，人们使用它的首要目的就是预防和医治传染病。

染料植物

所有植物都是有颜色的，但只有一小部分特殊的植物能让人类用上它们美丽的色彩。事实上，随着时间的流逝，人类凭借自己的智慧已经学会了从植物的叶、果实或花朵中提取天然的染料，而这些染料正是世界上最美丽的蓝色、黄色和红色等众多色彩的源头。我们用这些染料装饰我们的皮肤，用于美术和纺织印染行业，或者给我们的菜品添上悦目的色彩……

散沫花

散沫花是小乔木，老的枝条坚硬，刺状。叶椭圆形或椭圆状披针形，顶端短尖，基部楔形或渐狭成叶柄。许多花聚合生长，呈总状花序，花极香，花色为白色、玫瑰红色或朱红色。散沫花在北非很常见。

植物档案

在植物家族里，散沫花属于被子植物千屈菜科散沫花属。在法国，还有人称其为天堂之树。在中国，散沫花有很多俗名，比如干甲树、指甲木、手甲木、指甲叶和指甲花。

◄ 散沫花"深爱"角蛋白

人们将散沫花的叶片磨成粉，把丝绵和羊毛织物漂染为红色、黄色和橙色，已经有几千年的历史了。散沫花中的有色物质与角蛋白有着特别强的亲和性。角蛋白是动物毛发和指甲内的一种天然生物化学物质，其主要作用是保护动物免受气候变化和污染对身体的损害。散沫花的有色物质与角蛋白结合后能够增强角蛋白的防护功能。

散沫花彩绘：短暂而美好的艺术 ►

一直以来，在很多地区都有用散沫花进行人体彩绘的习惯。人们会将散沫花染料涂在皮肤的表面上，一点点地绘制成各种图案，比如阿拉伯式的花叶装饰图案、几何图案。这种彩绘染料既不会造成身体上的疼痛，也不会使图案永远擦除不掉。事实上，这些图案在皮肤上留存的时间很短暂，最长的留存时间也不会超过一个月。在印度，这种彩绘艺术形式被称为曼海蒂。

你知道吗?

在非洲和亚洲的某些地区，散沫花染料被广泛用于订婚、结婚或新生儿分娩的传统仪式中。举行仪式期间，主人会邀请大家参加散沫花彩绘派对。根据不同地区的习俗，散沫花彩绘派对持续的时间会不同，比如一个星期、两三天，甚至只是婚礼前的几个小时。参加婚礼前，新娘会将成罐的散沫花染料和婚礼的请束一起送给她所邀请的每一位宾客。参加婚礼的时候，被邀请的宾客和新娘的手和脚上都必须用散沫花染料画上装饰图案。

贯叶连翘

　　贯叶连翘是多年生草本植物，常长在沟渠旁和林地边，有5枚亮黄色的花瓣，花瓣的边缘及上部常有黑色腺点。叶椭圆形至线形，先端钝形；叶背面散布着淡淡的腺点（有时呈黑色），透过阳光观察，这些腺点好似无数个小孔。正因为如此，它们也叫贯叶草（perforatum）或千孔草（millepertuis，在古法语中有"千孔"之意）。这些叶片之所以看起来好似长有许多孔，其实是光线照在叶片的腺点上呈现出的效果。

植物档案

　　在植物家族里，贯叶连翘属于被子植物藤黄科金丝桃属。在法国，人们还称其为药用圣约翰草、穿孔圣约翰草、圣约翰草、多孔草、勇士草。在中国，人们还称其为小贯叶金丝桃、贯叶金丝桃、夜关门、铁帚把、千层楼。

◀ 勇士草

贯叶连翘的叶片上尽管布满了"小孔"，但它仍然充满活力地长在枝条上，因此人们认为它有治疗严重创伤的功效，包括战士身上的创伤也能治疗，"勇士草"的名字由此而来。

圣约翰草 ▶

夏至是一年中黑夜最短的一天，这一天在法国被称为圣约翰节，也称仲夏节。传说这一天是女巫选择收割贯叶连翘的最佳时间。贯叶连翘被收割后扎成捆悬挂在门窗之上，就像房屋的庇护者，这正是圣约翰草这一俗名的来历。女巫将圣约翰草放置在橱柜里，它们将被用来加工成各色染料。加工的程序不同，染料的颜色也会不同，有红色、黄色、绿色。

你知道吗？

是的，牛和羊也可能被晒伤，甚至被晒死！意大利山区的高山牧场上就发生过这种不幸的事情，一群白色母牛吃了贯叶连翘，在去山上晒太阳之后就死了。那时是19世纪，人们还不知道贯叶连翘具有增加光敏的特性，也就是说，动物吃过贯叶连翘后会增加皮毛对太阳的敏感性，照射了强烈阳光后会受伤甚至死亡。

欧洲菘蓝

欧洲菘蓝是两年生草本植物。种子发芽的第一年，它们只长出长椭圆形至长圆状倒披针形灰绿色的基生大叶片，在地表形成莲座状。次年的5~6月，它们会长出很长的茎。茎的顶端是很多花组成的总状花序，花有4枚黄色花瓣，花瓣分离，呈"十"字形排列。

植物档案

在植物家族里，欧洲菘蓝属于被子植物十字花科菘蓝属。在法国，人们还称其为菘蓝、誓草和韦德（这个名字来自法国北部皮卡第方言）。它们为法国劳拉盖斯地区创造了财富，所以人们还称它们为劳拉盖斯草。在中国，人们把它们茎的部分称为板蓝根，把它们的叶子称为大青叶。

◀ 制作染料的秘方！

自古以来，人们就用菘蓝叶提取美丽的蓝色染料，这种蓝色是国王们最为钟情的颜色。为了获取更好的蓝色染料，人们有时会尝试使用一些奇怪的方法。因为在热水中被捣碎的菘蓝叶只会释放出无色物质，所以人们制作染料时，需要往装有菘蓝叶片的盆里加入一些石灰，再加入一些味道难闻的马尿或者人尿（这真是当时制取染料的秘方！），然后将它们混合，等待发酵。

理想的福地 ▶

在法国曾经有一处理想的福地，算得上是金钱滚滚而来的"天堂"。这个地方位于法国西南部阿尔比、图卢兹和卡尔卡松三座城市之间，中世纪末期，这里因为种植菘蓝而变得非常富裕。这里的人们首先用石磨将晾干的菘蓝叶研碎，待其干燥发酵后，用模子将这些粉末做成大"椰壳"状，最后便以这种菘蓝球的形式出售。当时这种菘蓝球价比黄金，出口至整个欧洲。

你知道吗？

有一天，木蓝这种植物从东方传到了法国。这种植物能够提取和菘蓝一样的蓝色染料，叫作靛蓝。但是相比于菘蓝，木蓝的染料产出率更高，提取方法更简单快捷。在亨利四世到路易十五执政法国期间，历任国王都没能阻止贩卖靛蓝的荷兰商人大量拥入法国染料市场，导致法国很多菘蓝生产商破产。在19世纪，一位化学家合成了一种价格低廉的靛蓝染料。此后，该靛蓝染料被大量用于纺织业，主要是给牛仔布染色，甚至还变成代码为E132的食品添加剂：食用靛蓝。

染料植物

番红花

番红花是多年生草本植物，植株高度为10~13厘米。它的花呈钟形，淡蓝色、紫色或白色，每朵花有一枚雌蕊（植物的雌性生殖结构）。番红花雌蕊花柱的上部有3个分枝，分枝呈小号状下弯，每个分枝的顶端有深红色的柱头，有光泽。整个花柱长几厘米，人们称其为花丝，可药用、烹饪和制作番红花染料。

植物档案

在植物家族里，番红花属于被子植物鸢尾科番红花属。在法国，人们还称其为药用番红花。在中国，人们称其为西红花、藏红花。

◄ 红色黄金：世界上最贵的香料

番红花也是一种染料，能将织物染成美丽的橙黄色，也就是人们所说的番红花色。番红花必须手工采摘，用指甲将花柱摘下，然后精心地将其晾干。获得一克干番红花花柱需要150～200朵花，因此它的价格异常高！

现在，人们也食用番红花 ►

番红花含有100多种可溶于水的着色和芳香成分，它不仅可以给水染色，还可以给菜品着色。番红花雌蕊的花柱被用作菜品调味和着色已经有几千年的历史了。你可以去马赛好好地品尝一下普罗旺斯鱼汤，然后再去吃一顿意大利式焖饭，或者去尝尝伊朗的"千颗宝石"米饭，吃吃俄罗斯或英国的奶油圆蛋糕。这些传统的、色香味俱全的菜肴都是用番红花进行调味和上色的。

由于番红花价格昂贵，人们经常会用价格便宜很多的其他植物来冒充番红花。这些假番红花能以假乱真，但其效果却难以与番红花相比。它们的名字听着就会让你产生疑问，比如，在纺织印染行业，一种使用其橘红色纤细花瓣染色的红花就被称为假番红花或者杂番红花。还有一种姜黄属植物，它干燥的地下茎被磨成亮黄色的粉末，用于制作咖喱、香料、染料，这种植物被人们称为印度番红花。

染料植物

西洋接骨木

西洋接骨木是一种小乔木，高度一般是6~7米，甚至更高，常见于公园和林地边缘。嫩枝条的树皮很容易被剥开，露出近似白色柔软的髓。花白色，聚生在一起形成圆锥形聚伞花序，花序的直径最大能到20厘米，形如太阳伞。果实未成熟时为红色的，成熟时为黑色的。

植物档案

在植物家族里，西洋接骨木属于被子植物忍冬科接骨木属。在法国，有人称其为桑布克树、双簧管树、萨乌树、接骨木。

◀ 全身都是宝

西洋接骨木的花可以做香料，也可以用于制作饮品或甜甜圈；把浸泡过西洋接骨木叶子的油涂在烧伤或烫伤处，可以缓解疼痛；它的果实可以给丝绵织物染色或制作富含维生素的饮料。但是，一定要注意区分矮接骨木的果实和西洋接骨木的果实，虽然两者用作染料时可以等同使用，但如果是用于制作食品和饮料，就不能混用了，因为矮接骨木的果实有毒。它们还是很容易区分的：矮接骨木开花的时间要比西洋接骨木晚一些。

是接骨木果汁, 还是石榴果汁? ▶

西洋接骨木熟透的浆果（那些未熟透的浆果是有毒的！）既可以给葡萄酒调色，还可以用来调配一种饮料，以"香石榴汁"的产品名出售。这种名字中带有"石榴"的饮料中其实是没有石榴汁成分的。

你知道吗?

接骨木属的拉丁属名是*Sambucus*，这个词来自希腊语的sambukê，是"短笛"的意思。据说，牧羊人剪下西洋接骨木的嫩枝条，掏空里面柔软的髓，便做成了短笛。即使你不是音乐家，你也可以用西洋接骨木的枝条做成这样的短笛，享受美妙的乐声。

纤维植物

植物纤维是由木质素和纤维素组成的长丝状物质，一般呈束状。一些植物的叶或茎含有特别丰富的植物纤维。几个世纪以来，人类用植物纤维制作出了衣服、挂毯、画布、船帆、绳索，甚至还有我们常用的纸……正因为有了这些物品，人类才可以装饰住所、外出旅行、学习新知识，在逝去的时光中留下自己的印记。

竹子

竹子是起源于亚洲的大型草本植物，直到19世纪中期才被引入法国。它们与小麦同属禾本科，它们的茎称为竿，特征和小麦的一样：中空，呈圆筒形，有节和节间之分，从下向上逐渐变细。但是，竹子的竿并不矮小，可以长到30～40米。

竹子成丛簇状生长，并发育有地下茎，地下茎在长出后的第二年分枝长出新的地下茎。靠这些复轴型地下茎，它们在地下"侵略性"生长，所以在遭遇台风的时候，它们依然能够稳稳地长在土壤中，而不会被连根拔出。这个本领在它们所生长的气候环境中是非常有用的。

植物档案

竹子属于多年生禾本科竹亚科。竹亚科中有1000多种竹子，最常见的种类是粉绿竹、毛竹、矢竹和桂竹等。算了，我们还是称它们为竹子吧，这样简单很多。

◀ 中国的竹子

几千年来，竹子一直是中国经济和文化的一部分，因此我们可以称之为"中国的竹子"。至于大熊猫，是中国国宝级的动物，人人都喜爱它们。大熊猫对食物的要求很苛刻，它们食谱里的竹子得是鲜嫩的低山平坝竹！在中国，竹子被砍伐后可以用来做写字板、绳子或船帆，可以用来搭建脚手架或者用作建筑物的构架。在运动服装行业，竹子也备受推崇，因为竹纤维天然具有吸收水分的能力。

乐器用材的第一名 ▶

竹子在制作乐器材料的排行榜中，排名可是第一位的！通过改变空心竹茎的长度，可以制作出具有各种音调的乐器，比如直笛、排箫，甚至管风琴。如果用火来烧竹子的茎杆，其内部的空气膨胀时会发出令人印象深刻的"砰（bam）！啪（boum）"声，这正是竹子法语名字bambou的由来。

你知道吗?

竹子有时一天可以长高差不多一米，开花则需要长达几十年时间。过去人们一直把竹子两次开花之间的时间记为100年，可是从来没有人对此给出解释。人们还发现了"年龄"相同的同种竹子，不论其生长在地球的哪个地方，它们开花和枯死的时间周期一般都是相同的。如果你有足够的毅力，可以登上法国的塞文山脉，在塞文山脉的腹地昂迪兹，你会见到欧洲最大的竹林。

棉属植物

　　棉属植物是草本植物，有的呈乔木状，已经有几千年的种植历史了。它的花很大，单生于枝端叶腋，呈乳白色、黄色，花瓣5枚，雄蕊占多数，雄蕊花丝的下部聚合在一起形成极具特色的雄蕊柱。果实是蒴果，果皮厚，干燥后会裂开5条裂缝。每个蒴果内含约30粒种子，种子上面长满了棉毛，这些棉毛就是我们常说的棉花。

植物档案

　　在植物家族里，棉花属于被子植物锦葵科棉属。棉属植物有几种，草棉种植在亚洲南部、非洲、欧洲南部地区，原产于安的列斯群岛的海岛棉现在广泛种植在美国东南沿海及其附近岛屿，树棉种植在美洲、非洲和亚洲的热带、亚热带地区。

◀ 摘取一些棉花籽吧！

棉属植物的每个棉花籽上都长着成千上万根棉毛。每根细细的棉毛里面，几乎全是由纯纤维素组成的纤维，其长短不等，颜色近似橙黄色。长棉毛的长度是20～40毫米，短棉毛的长度是10～20毫米。当人们看到棉花籽长出密密麻麻的棉毛时，总是风趣地称它们为穿着衣服的种子。

软软的棉花也可以成为"武器"！ ▶

棉花也可以成为民族独立运动的"武器"。曾经，印度作为英国的殖民地，号称是英国女王皇冠上的一颗宝石。当时英国掌握了机械化纺织生产技术，把印度当作其棉花工业的原材料供应地和棉纺织品的倾销地，这对印度的农业和纺织业冲击巨大。1920年，印度非暴力抵抗英国殖民运动的倡导者甘地，号召印度人民不要再使用英国工厂生产的纺织品，鼓励他们穿本国人用自己手纺的棉布制作的衣服。为此，他亲自用纺棉车手纺土纱。棉花因此成了他唤醒印度人的民族独立意识的有力宣传"武器"。

你知道吗？

法国著名摇滚歌手约翰尼·哈里戴演唱过的一些蓝调歌曲，其实都诞生在19世纪美国南部的棉花种植园。歌曲描述的是那些来自非洲的奴隶们，在采摘棉花时，所吟唱的他们的不幸遭遇和他们对未来的希望。

亚麻

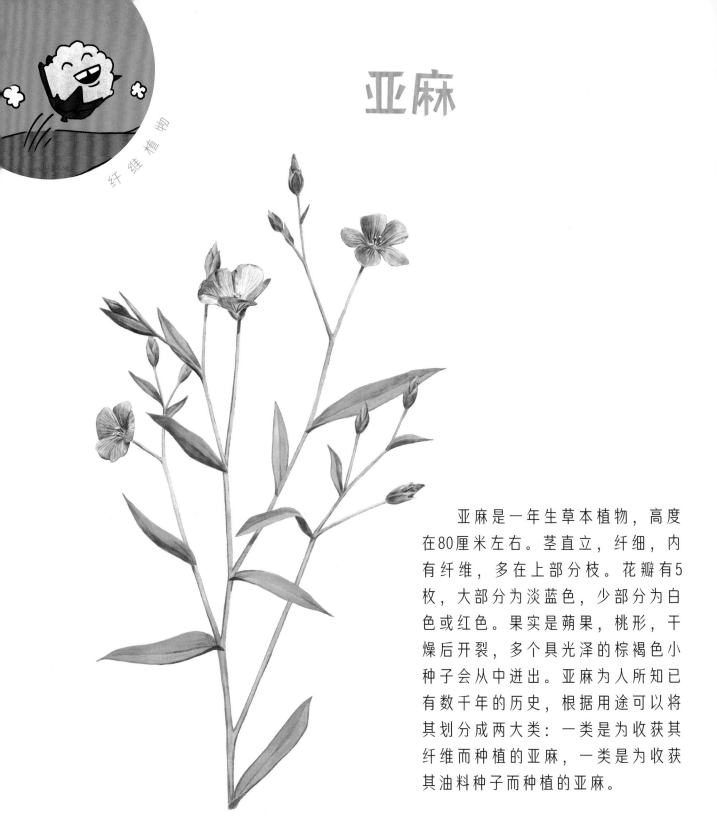

亚麻是一年生草本植物，高度在80厘米左右。茎直立，纤细，内有纤维，多在上部分枝。花瓣有5枚，大部分为淡蓝色，少部分为白色或红色。果实是蒴果，桃形，干燥后开裂，多个具光泽的棕褐色小种子会从中迸出。亚麻为人所知已有数千年的历史，根据用途可以将其划分成两大类：一类是为收获其纤维而种植的亚麻，一类是为收获其油料种子而种植的亚麻。

植物档案

在植物家族里，亚麻属于被子植物亚麻科亚麻属。在中国，人们还称其为山西胡麻、壁虱胡麻和鸦麻。

48

◀ 获取纤维的方法

在获得用于编织的亚麻纤维之前，首先要沤麻，沤麻就是把选好的亚麻的茎放在冷水或温水中浸泡几天，使植物纤维变得分散而柔软。接下来的程序是碎茎，碎茎就是将干燥后的亚麻茎秆进行破碎和拍打处理。之后就是打麻，除去短的和含杂质的纤维，留下质量好的长纤维。法国生产亚麻织品已有1000多年的历史，法国北方很早就开始专业化生产精细的细亚麻布织物。

亚麻的作用多多 ▶

亚麻纤维不但可以被加工制成高质量的纱线，织出非常结实的布料，还因为具有极强的抗冲击性，引起了汽车行业的工程师的兴趣。工程师们，你们赶快用亚麻纤维制造出汽车的车身吧！另外，从亚麻种子中分离出的亚麻油还被称为催干剂。在画布上涂上薄薄一层亚麻油，就会形成一层半透明的薄膜，这层薄膜特别有助于绘画染料的干燥，深受画家的喜欢。

你知道吗？

亚麻油地毡是一种覆盖地面的黏胶层，在学校里被广泛使用。它结实耐用，禁得起任何折腾，尤其是充满活力的学生们的折腾，想必是耐用的亚麻油赋予了这种地毡名字及好质量。再说说亚麻油毡版画，这是在亚麻油毡板上雕刻的艺术品！与在木材上雕刻一样，艺术家通过在亚麻油毡板上雕刻获得自己想要的图案，然后给雕刻好的图案上墨，把图案印在纸或者织布上，便可做成亚麻油毡版画了。

有特殊寓意的植物

有特殊寓意的植物是一些国家的宠儿，人们将它们佩戴在上衣翻领的饰孔处，或者把它们的形象印在国旗、印章或钱币上。在战争中，人们用它给士兵以战斗的勇气，在生活中，用特殊寓意鼓舞自己。

蓝花矢车菊

　　蓝花矢车菊属于菊科，花蓝色，和其他菊科植物一样，多个小花聚合生长在花托上，形成头状花序。头状花序外围舒展着开放的花冠上有5个典型的裂片。

植物档案

　　在植物家族里，蓝花矢车菊属于被子植物菊科矢车菊属。在法国，它们还被称为收获的矢车菊、白牧草菊。在中国，人们还称其为蓝芙蓉、矢车草、车轮花。

◀ 是田间益草还是有害杂草？

蓝花矢车菊是一种生长在田里的植物。在田间，蓝花矢车菊悄悄潜入生长，和粮食作物（比如小麦）一起被收割。它备受蜜蜂的喜爱，但农民有时会认为它是很普通的田间有害杂草，从而将它除掉。法国已经制订了一项国家行动计划，用以保护蓝花矢车菊和其他一些有益的田间植物，防止它们因除草剂的使用而灭绝。

砸眼镜 ▶

蓝花矢车菊的花是蔚蓝色的，那是万里无云的晴朗天空的颜色。根据植物的外观与药用功效相关联的形态特征标记理论，从中世纪开始，人们就用它的汁液治疗眼睛发红和视力不好等疾病。因为能使近视者恢复视力，不必再戴眼镜，所以它有了一个俗称——砸眼镜。直到现在，蓝色矢车菊在缓解烟气或灰尘刺激眼睛而引起的轻微炎症方面仍具有很好的疗效。

在第一次世界大战期间，第一批入编的法国士兵穿着红色裤子，这样太容易被敌军发现了。政府最终决定向刚刚入伍的士兵发放不引人注目的天蓝色制服，老兵们亲切地称这些新兵为蓝花矢车菊（bleuets）。后来在法语中"bleu"被保留了下来，专指那些在某个行业（比如餐饮业）刚刚入职的人。第一次世界大战结束后，法国人选择了用蓝花矢车菊来纪念在战斗中牺牲的士兵。

黎巴嫩雪松

　　黎巴嫩雪松是一种常绿乔木，就像冷杉一样。它们的叶呈针状，一簇簇地生长在短枝上，一年四季常绿。它们的雌球果呈卵球形，挂在树枝上。通常整株树的高度在40米左右，随着不断往高处生长，它们的树枝也在不断向四面延伸。

植物档案

　　在植物家族里，黎巴嫩雪松属于裸子植物松科雪松属。它们还被称为黎巴嫩山雪松、东方雪松、黎巴嫩松。

◀ 被印在了国旗和钱币上

传说黎巴嫩雪松曾经保护了那些生活在有恶魔出没的地方的人们。黎巴嫩是黎巴嫩雪松的原产地，在那里，它因为外形美观、树龄长而受到人们的推崇。在黎巴嫩的一个保护区中，人们发现了一些树龄近3000年的雪松树。为了向古老的雪松树表示敬意，人们一致推选它作为黎巴嫩的象征。从此，极具特色的黎巴嫩雪松被画在了黎巴嫩的国旗上，黎巴嫩的硬币和纸币上也有它的图案。

我的树干可以用来造船，▶ 搭建庙宇

黎巴嫩雪松的树干高大，质地坚硬，抗腐蚀性强，所以在古代，腓尼基人、古埃及人、古罗马人和波斯人都特别喜欢它。人们把树干锯成木材，不仅用来搭建普通房屋的框架或支柱，还用来建造庙宇和宫殿。由于这种木材不易腐烂，人们也非常喜欢用它制造船的桅杆。

你知道吗？

法国的第一批黎巴嫩雪松是由巴黎皇家植物园园长、植物学家贝纳尔·德·加希耶于1734年引入的。据说贝纳尔·德·加希耶去英格兰找到了两株黎巴嫩雪松树苗。在野外旅行途中，栽种树苗的花盆被弄碎了，贝纳尔·德·加希耶便用自己的帽子代替了花盆，将树苗运了回来。这两株雪松树苗不仅没有因为这样的运输方式死掉，反而生长至今。现在其中一棵能在巴黎皇家植物园中见到，另一棵生长在法国的夏朗德滨海省。

虞美人

虞美人的茎上布满了伸展的刚毛，茎内含有乳白色的汁液，被折断后，汁液便从折断处流出。花单生于茎和分枝的顶端，花瓣4枚，红色，基部通常具黑色斑点。当花初开时，褶皱的花瓣在阳光下很快就会变得光滑平顺。果实是蒴果，顶部有辐射状柱头，整个果实形如顶部有盖的倒卵形花瓶。果实成熟后，辐射状柱头下便会出现一些如同小窗户的孔裂，大量的黑色种子便从里面进出。

植物档案

在植物家族里，虞美人属于被子植物罂粟科罂粟属。在法国，人们还称其为田园罂粟、红罂粟、蓝罂粟等。在中国，虞美人还被叫作丽春花、赛牡丹、锦被花和百般娇等。

◀ 佩戴在上衣翻领上的虞美人花

在英国，虞美人的英文名字是poppy。英国人选择用虞美人花来缅怀那些在战争中牺牲的战士。每年11月11日是英联邦国家停战纪念日，在这一天，从英国的伦敦到澳大利亚的堪培拉，再到加拿大的多伦多，人们都会优雅庄重地在上衣翻领上面的饰孔处佩戴一朵丝绢虞美人花，以纪念第一次世界大战的结束，追思那些在战争中逝去的先烈。

虞美人的汁液 ▶

虞美人的法语名字coquelicot来自法语词coq（雄鸡），雄鸡的红色鸡冠使人联想起虞美人的红色花瓣。虞美人属于罂粟科，其体内的乳白色汁液具有镇静作用。在法国，人们会将虞美人的干花瓣放在凉茶中以缓解喉咙痛，或者用它来装饰菜品。

你知道吗?

漂亮的虞美人小姐

要制作一个穿着红色连衣裙的玩具娃娃，用什么都不如用虞美人的花瓣来得容易。你只需要打开一个即将开放的花苞，取下布满褶皱的花瓣，将其中一枚花瓣下部弄平作为长裙，其他两枚花瓣用作连衣裙的袖子。用一段草茎将花瓣捆在一起，将中间捆起来的花瓣切开作为娃娃的头饰，这样，一个穿红色连衣裙的娃娃就做成了。接下来要做的事情就是唱歌了：漂亮的虞美人小姐，美丽的虞美人新娃娃……

鸢尾

鸢尾是多年生草本植物，全世界有200多种。它们的花由6枚花被裂片组成，花有黄色、白色、紫色等多种颜色。6枚花被裂片呈两轮排列：外轮花被裂片3枚，通常比内轮的大，水平展开，上部常反折下垂；内轮花被裂片3枚，通常直立，或向外倾斜，在花朵上方呈尖凸状。

鸢尾属植物中，有些种类的花被裂片的基部覆盖有带状或须毛状附属物，另一些种类的花被裂片则是光滑的，无附属物。鸢尾通常靠根状茎繁殖，根状茎贴着地面蔓延生长，下部埋在土中，上部露出地面。

植物档案

在植物家族里，鸢尾属于被子植物鸢尾科鸢尾属。其下有很多种类，比如香根鸢尾、德国鸢尾、水生鸢尾。它们还被称为贫民兰花、火焰兰花。

◀ 路易之花

在公元481年，法兰克国王路易·克洛维斯选择用水生鸢尾花来装饰他的徽章。正是这种鸢尾花，使他在战争中带领部队找到了可涉水而过的地方，没有被淹死，在对抗西哥特人的战斗中取得了决定性的胜利。大约在1146年，路易七世将鸢尾花印在了他的军旗上，向耶路撒冷发动了战争，于是这种鸢尾花在法语中被称为路易之花。他还穿着用这种鸢尾花装饰的蓝袍参加授任国王的仪式，因此，被称为路易之花的鸢尾花还成了法国王室的象征。

浴池里的人都戴着鸢尾叶 ▶

在日本，鸢尾花也是具有象征意义的花。鸢尾节是每年的5月5日。最初，这个节日是为男孩子们而定的，但近年来，所有的孩子都可以参加。除了挥动外形如剑的鸢尾叶片，孩子们还会拿着系有丝带的红色大鲤鱼图画游行。人们还将鸢尾花放在浴池或澡盆里，让孩子们头上戴着鸢尾叶做成的叶环，在水中沐浴。人们认为鸢尾叶能够在来年给这些孩子们带来健康。

香根鸢尾备受香水制造商的追捧。香根鸢尾在保存了3年的情况下，干燥的地下茎还能散发出类似香堇菜的淡淡香气。从干燥的根茎粉末中提取香精，与水混合后可得到鸢尾油。制备一千克这种鸢尾油需要几吨的干香根鸢尾地下茎。鸢尾油经过蒸馏浓缩后称为无水纯鸢尾油，它的价格可以达到每千克100 000欧元。

郁金香

　　郁金香原产于中亚山区，它们的名字来自土耳其语tülbent，是"头巾"的意思，这个词让人联想起郁金香如织物带一般交错缠绕在一起的花被片。郁金香花单朵顶生在细长花柄上，摇曳多姿，花瓣3枚，萼片3枚，萼片通常与花瓣颜色相同。花瓣和花萼形成的各色花朵呈钟形或星形，有时边缘还有或多或少的褶皱。它们的叶围绕着茎的基部生长，长而尖，呈条状披针形或卵状披针形。茎的基部延伸至地下，有一个膨大的茎，这在植物学上被称为鳞茎。

植物档案

在植物家族里，郁金香属于被子植物百合科郁金香属。

◀ 红色的"郁金香"

伊朗的国徽图案酷似一朵郁金香，并且被印在了国旗上。国旗上的这朵红色"郁金香"在伊朗具有很强的象征性，它的红色代表着在战争中牺牲的伊朗战士们的鲜血。现在，郁金香在伊朗被视为殉难者之花，在纪念死难者的墓地上经常可以看到它们的身影。

郁金香热 ▶

植物学家查尔斯·库希乌斯于1593年为荷兰引进了第一批郁金香。这些郁金香吸引了众多园艺师，他们培植出了很多新品种，每种花的形状和颜色都超出了人们的预料，其中就有花瓣上带有锯齿形边缘、色彩鲜艳的鹦鹉郁金香。荷兰人开始迷恋郁金香，后来这种迷恋变得很疯狂，人们会以买卖黄金的价格买卖郁金香的鳞茎。后人称这种行为为郁金香狂热。1637年，郁金香交易突然崩盘，那些疯狂迷恋郁金香的投机者瞬间破产了。

你知道吗?

郁金香在荷兰被广泛种植。每年1月的第三个星期六，阿姆斯特丹水坝广场都会举行盛大的郁金香节，成千上万盆郁金香呈各色的方阵摆放在广场上，营造出浓浓的节日气氛。离广场稍远的几条运河和一个博物馆也完全成了郁金香的世界。荷兰的郁金香种植者应该感谢郁金香，每年他们要生产大约20亿个郁金香鳞茎，其中大部分鳞茎出口国外，赚取了巨额的财富。